U0052172

Genoise & Biscuit

Genoise & Biscuit

Genoise & Biscuit

零失敗！10分鐘 烤盤甜點

1個烤盤×2種蛋糕體，變化出34種職人級美味！

若山曜子◎著

前言

學習製作甜點後，最令人高興的就是能夠好好作出海綿蛋糕。
蛋黃色澤帶有淡淡甜味，既蓬鬆又柔軟。
和鮮奶油及水果一起吃下，在口中一下子就化開了。
材料是蛋、砂糖和麵粉。雖然會加入少許油和水，不過基本上就是這些而已。

一開始在製菓學校製作時，是用手去打發。
腕力弱的我作出來的蛋糕體沒有飽含空氣，烤過後變得乾巴巴的。
又乾又硬一點也不好吃，還記得那時感到非常洩氣。
所以當自己能夠烤出像店裡賣的海綿蛋糕時，
真的非常高興。

祕訣就是要將蛋確實打發。
一邊加熱一邊打發，這樣會更容易將空氣混入。
打發得差不多時，就再稍加把勁，將蛋的狀態整個打到澎澎隆起為止。
接著放慢速度來打得更為細緻。
之後加入麵粉，攪拌混合至呈現光澤感。
只要有確實將蛋打發，即使攪拌次數稍多也沒關係。
這樣反而更能作出質感細緻、入口即化的海綿蛋糕。

本書使用烤盤進行烘烤，時間約僅需10分鐘，
就能烘烤出薄薄一片，不容易失敗的海綿蛋糕。

烘烤出海綿蛋糕後，我會先切下蛋糕邊緣享用！
這就是製作者擁有的特權。
蓬鬆柔軟的海綿蛋糕，單吃就很美味，
也可以加上果醬或鮮奶油、奶油一起享用。
還可以把家中有的任何材料堆疊作成查佛蛋糕。
稍微多花一點心思，還能作出蛋糕捲及水果蛋糕，
請享受各式各樣的搭配變化吧。（對了，還可以冷凍保存起來喔！）

用蛋、砂糖和麵粉，就能作出這麼蓬鬆柔軟的美味成品。
無論什麼時候製作，都像化身為魔法師一樣，令人興奮雀躍。

若山曜子

CONTENTS

Chapter 3
ROLL CAKE

Chapter 4
PÂTE BRISÉE, MERINGUE

COLUMN

用烤盤烘烤出海綿蛋糕體，

1

不需使用
特別的模具

本書中的蛋糕體全是用烤盤烘烤的。尺寸是邊長
29cm的正方形，也可使用自家烤箱所附的烤盤。
因為不會用到圓形模具或磅蛋糕模具等，所以無論
是初次作蛋糕的人或是專家，都非常容易上手。

2

短時間
就能烘烤完成

由於是將麵糊置於烤盤上延展開來烘烤，因此面
積大而薄，短時間內就能確實烤熟。烘烤時間依
蛋糕體種類而稍有不同，不過都是以表面呈現美
味的烤色為基準。短則約7分鐘，最長也僅約12
分鐘，與使用其他模具烘烤的蛋糕體相比，時間
短了許多。在烤盤上展開麵糊時會將麵糊推勻，
降低因混合不均所導致的烘烤失敗。

就是如此方便！

3

可自由
變換形狀

因為是片狀蛋糕體，所以可依作法變化為各式各樣的形狀。厚度也僅有1～2cm，可以直接切成小塊、細長條、四方形或圓形，將其堆疊或組合，衍生各種創意。

4

可以事先作好
冷凍起來！

烘烤後的蛋糕體可以冷凍，所以能事先將需要的量一次作好，再切成小塊放入保鮮袋，或是用保鮮膜直接將整片包起來存放。加上厚度薄，所以只需在使用前幾分鐘從冷凍庫取出，馬上就會自然解凍。本書中也有介紹只使用烤盤大小1/2片蛋糕體的食譜，因為能進行前述的保存方式，所以不用擔心「剩下來的蛋糕體該怎麼辦……」。當然，直接吃掉也很美味。

只要有海綿蛋糕體，
就能簡單作出
多種蛋糕！

TRIFLE

切成小塊放入器皿中

查佛蛋糕

要製作來自英國的點心——查佛蛋糕（乳脂
鬆糕），不可或缺的正是切成小塊的海綿蛋糕
體。用烤盤烘烤出的片狀蛋糕體，簡單就能切
分好。而後在器皿中堆疊蛋糕體、鮮奶油霜、
水果等就能完成這款點心！若將蛋糕體淋上糖
漿或酒漬、糖漬液等使其濕潤，將更加美味！

SQUARE CAKE

切塊再堆疊

方形蛋糕

方形蛋糕就是直接採用烤盤烘烤出的蛋糕體
形狀製作而成，簡單將整片蛋糕體切成一半
或切成3等分、4等分，於切好的蛋糕體上夾
入鮮奶油及水果等再堆疊，就能作出比想像
中更大型且有分量的蛋糕，若切成小塊製成
一口甜點也很不錯呢！

ROLL CAKE

一圈圈捲起

蛋糕捲

要製作蛋糕捲，就一定要用烤盤烤出的海綿
蛋糕體。直接在片狀蛋糕體上塗抹鮮奶油、
撒上水果，再圈圈捲起即完成。可以將蛋糕體
的烤痕露出或藏於內側以此來改變外觀，再
變換蛋糕體口味及鮮奶油、水果，就能有多種
變化。

〔 本書使用規則 〕

· 1小匙＝5mℓ，1大匙＝15mℓ。mℓ與cc相同。

· 蛋使用M尺寸（去殼重50g）。

· 鮮奶油使用動物性乳脂含量約40％左右的產品。
  想作出輕盈感或使用巧克力時就使用35％、想呈
  現濃厚口感就使用45％，以此來區分使用。

· 烤箱的烘焙時間基本大多相同。依機種不同會有
  所差異，請以食譜的時間為基準，邊觀察烘烤狀
  況邊進行調整。

· 若是使用瓦斯烤箱，請將食譜的烘烤溫度減少約
  10℃來進行。

· 微波爐的加熱時間是以600W為基準。使用500W
  時請以1.2倍的時間為基準來加熱。依機種不同
  會有所差異，請以食譜的時間為基準，視加熱效
  果的狀況進行調整。

· 打發鮮奶油時，以打蛋器舀起的狀態來進行確認。
  6分發是用打蛋器舀起也不會立起尖角的柔軟狀
  態；8分發是會立起尖角但馬上就垂下的狀態；9分
  發是尖角向上立起的狀態，請以此為基準。

Genoise, Biscuit

本書所使用的
2種基本蛋糕體

蛋糕的製作是由製作蛋糕體開始：
本書會使用口感及味道不同的2種蛋糕體。
直接將全蛋打發的「傑諾瓦士」
與將蛋黃與蛋白分別打發的「彼士裘依」。
並配合上各步驟的照片，仔細地介紹作法。
蛋糕食譜中也會出現
加入調味等變化的蛋糕體，
不過基本作法都是相同的。

Genoise

濕潤而質感細緻

傑諾瓦士蛋糕體（全蛋法海綿蛋糕）

直接將全蛋打發，
烘烤出濕潤成品的全蛋打發型。
質感細緻，能夠感受到蛋的滋味。

材料（烤盤邊長29cm的正方形／1片份）

蛋…3顆
細砂糖…70g
低筋麵粉…60g
食用油（無香氣）…2小匙
牛奶…1又½ 大匙

＊用長方形的烤盤（37×27cm）烘烤時，
　材料為蛋4顆、細砂糖90g、低筋麵粉80g、
　食用油（無香氣）1大匙、牛奶2大匙

前置作業

・將蛋回復至室溫。
・在烤盤上鋪烘焙紙（參照P.16）。
・將油和牛奶放入調理盆中，
　隔水加熱至50～60℃。
・將烤箱預熱至190℃。

1

將蛋、細砂糖放入調理盆中，用手持攪拌器稍微混合。

2

邊隔水加熱邊打發，加熱至手指觸摸感到微熱的程度，即大約50℃後，從熱水中移出，再以高速打至約7分發。
⇒隔水加熱：將調理盆底部置於沸騰的熱水中，以小火持續加熱，便可使水溫維持在適當的80～100℃。

3

打發至用手持攪拌器舀起，會從攪拌棒上緩緩如緞帶流下並堆疊的狀態後，再用低速打發約1分鐘使質感細緻。

4

篩入低筋麵粉，用刮刀從正中央切開，再自底部翻攪上來，直到沒有粉粒後再攪拌混合約40次左右。

5

加入加熱後的油和牛奶，用刮刀攪拌約20次左右至呈現光澤感為止，使質感細緻。

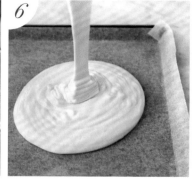

6

倒入鋪有烘焙紙的烤盤。
⇒若前述材料有充分混合，傑諾瓦士麵糊會平緩流下。

7

用刮板將麵糊均勻延展至邊緣，並整平表面。

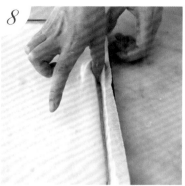

8

用手指沿著烤盤邊緣劃一圈，整理好麵糊邊緣，用190℃的烤箱烘烤10～12分鐘。

9

將蛋糕體從烤盤上取下置於網架上，再覆蓋烘焙紙放涼。
⇒若沒有要馬上使用時，須確實放涼後用保鮮膜蓋上。

Biscuit

鬆軟而扎實

彼士裘依蛋糕體（分蛋法海綿蛋糕）

將蛋白及蛋黃分別打發，
以烘烤出鬆軟成品的分開打發型。
帶有扎實的口感，
也適合浸漬糖漿。

材料（烤盤邊長29cm的正方形／1片份）
蛋…3顆
細砂糖…70g
低筋麵粉…70g
糖粉…1大匙

*用長方形的烤盤（37×27cm）烘烤時，
　材料為蛋4顆、細砂糖90g、低筋麵粉90g、
　糖粉1又½大匙

前置作業
・在烤盤上鋪烘焙紙（參照P.16）。
・將蛋分為蛋黃及蛋白。
・將烤箱預熱至200℃。

1 將蛋白放入調理盆中，用手持攪拌器打發。整體泛白後，分3～4次加入細砂糖，每次加入後都要再打發。

2 打發至呈現光澤感並可立起尖角即可。

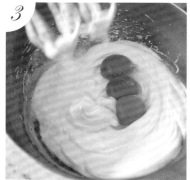

3 加入蛋黃並緩慢打發。

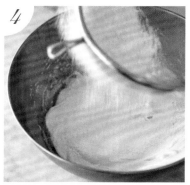

4 顏色均勻後，篩入低筋麵粉。

5 用刮刀從正中央切開，再自底部翻攪上來，以切拌方式混合至沒有粉粒為止。

6 取出置於鋪有烘焙紙的烤盤。
⇒彼士裘依麵糊較扎實，所以不會流下，要舀起取出。

7 用刮板均勻延展至邊緣，並整平表面。

8 用手指沿著烤盤邊緣劃一圈，整理好麵糊邊緣。

9 用濾茶網均勻撒上糖粉，以200℃的烤箱烘烤7～8分鐘。烘烤完成後從烤盤上取下置於網架上，再覆蓋烘焙紙放涼。
⇒若沒有要馬上使用，須確實放涼後用保鮮膜蓋上。

本書使用的烤盤

本書使用外徑為29cm（底面為26cm）的正方形烤盤。
使用烤箱附的烤盤、或市售用於烤蛋糕捲用的烤盤也可以。
烘烤麵糊時，一定要鋪上烘焙紙再使用。

烤盤為長方形時：只有在chapter2「正方形蛋糕」中，製作將烘烤的蛋糕體切成4等分的蛋糕時，
才需要先將蛋糕體切齊成正方形，再分成4等分。除此之外的蛋糕都可以直接製作。
此外，用一般長方形烤盤（37×27cm）烘烤時，必須增加材料的份量。
傑諾瓦士麵糊的份量寫於P.12，彼士裘依麵糊分量則寫於P.14。

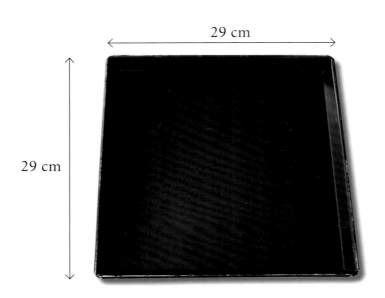

29 cm

29 cm

【 鋪烘焙紙的方法 】

將烘焙紙剪成邊長30cm的正方形
後，將四邊各往內側摺約1.5cm。

為了製作出蛋糕體的厚度，於四個
角落處，沿著底面邊緣的折線各剪
出1.5cm。

將折線與底面貼齊，再將剪出的部分
如圖示重合，以作出立起的部分。

製作蛋糕捲時，請重疊2張烘焙紙。這樣能減緩加熱，使其烘烤出濕潤的成品。

Chapter 1

TRIFLE
查佛蛋糕

查佛蛋糕，又稱乳脂鬆糕，只要將海綿蛋糕
與滿滿的鮮奶油、水果等堆疊，就能完成。
因為不需成形，初學者也能簡單作出。
適合搭配輕盈而鬆軟的鮮奶油。
在柔軟的蛋糕層中
加入Q彈的果凍、或放上酥脆的配料，
就能讓口感有豐富變化，使人永遠吃不膩。

Chapter 1
TRIFLE

柑橘優格奶油
查佛蛋糕

查佛蛋糕是可以享用到滿滿鮮奶油的點心，
為了作出輕盈口感，我喜歡將優格混入鮮奶油中。
無論和什麼水果搭配都適合，
這次大量使用了清爽而稍微帶有一點苦味的葡萄柚。
糖漬柑橘果汁與含有蜂蜜的彼士裘依蛋糕體，
以及柔軟的鮮奶油組成了輕盈的甜點。
作法⇒P.20

柑橘優格奶油
查佛蛋糕

材料（4～5人份）

彼士裘依蛋糕體（參照P.14）… 約1/2片

【糖漬柑橘】

　葡萄柚（白色、紅色）…各1顆

　橘子…1顆

　細砂糖…1大匙

　柑曼怡香橙干邑甜酒…1大匙

【優格奶油】

　鮮奶油…200㎖

　原味優格（無糖）…200g

　細砂糖、蜂蜜…各1大匙

蜂蜜…適量

前置作業

・將優格放入鋪有廚房紙巾的篩網中，置於調理盆上
　去除一半水分為止。

1.

製作糖漬柑橘：將葡萄柚及橘子用刀切去上下部後，連同果肉內膜與果皮一起剝除，取出果肉後切成一口大小。再拌入細砂糖與柑曼怡香橙干邑甜酒。

2.

製作優格奶油：在鮮奶油中加入細砂糖，一邊冷卻調理盆底部一邊打至6分發，再加入去除水分的優格及蜂蜜，用打蛋器大略混合。

3.

將彼士裘依蛋糕體沿盛裝的器皿劃圓切出。剩餘部分切成邊長3cm的正方形，切剩的邊緣也先留下。

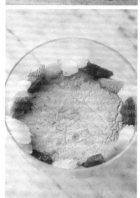

4.

將切成圓形的蛋糕體鋪於器皿中，將3/4量的糖漬柑橘排列於器皿邊緣。

5.

將糖漬柑橘的果汁均勻淋
上。

9.

放上剩餘的優格奶油並用
刮刀塗抹均勻。

6.

放上一半量的優格奶油，
用刮刀塗抹均勻。

10.

於器皿邊緣排列剩餘的糖
漬柑橘後，放進冰箱冷藏。

7.

於邊緣排列切成邊長3cm
方形的彼士裘依蛋糕體。

11.

冷藏後淋上蜂蜜。

8.

將剩餘的彼士裘依蛋糕體
散置各處。

12.

於成品撒上椰子絲（份量
外，依喜好加入）。糖漬
柑橘果汁融入蛋糕體的
1～2小時後最適合享用。
隔天食用也相當美味。

藍莓起司慕斯
查佛蛋糕

大家都喜愛的生起司,作成不需脫模的查佛蛋糕,
就不必使用明膠,可使口感更加滑順。
燕麥片則用來點綴增添口感,
撒上市售的全麥餅乾也很美味。

材料(4～5人份)
彼士裘依蛋糕體(參照P.14)… 約½片
藍莓 … 100g
【起司慕斯】
　奶油起司 … 150g
　細砂糖 … 40g
　原味優格(無糖)… 200g
　鮮奶油 … 200mℓ
　檸檬汁 … ½小匙
藍莓果醬 … 3～4大匙
燕麥片… 適量
檸檬皮(磨皮)… 適量

前置作業
・將優格放入鋪有廚房紙巾的篩網中,
　放在調理盆上去除至一半的水分為止。
・將奶油起司回復至室溫。
・將彼士裘依蛋糕體切成邊長2～3cm的四方形。

作法
1　製作起司慕斯:首先將奶油起司與細砂糖放入調理盆中,用刮刀攪拌
　　混合至變軟(a)。再加入去除水分的優格,用打蛋器混合至滑順。
　　⇒奶油起司若過硬,先用微波爐加熱約20秒。

2　接著,一邊冷卻調理盆底部一邊將鮮奶油打至8分發。加入至1
　　中,用打蛋器充分攪拌混合後(b),再加入檸檬汁混合。

3　在器皿中依序堆疊:燕麥片→彼氏裘依蛋糕體→2→藍莓果醬→藍
　　莓→2。

4　在邊緣裝飾藍莓,撒上燕麥片,再撒上檸檬皮。

覆盆子白巧克力奶油
查佛蛋糕

喜歡白巧克力的濃厚香甜。
稍微加一點優格，作成輕盈的鮮奶油。
最適合搭配覆盆子。
最後再用萊姆香氣進行整體融合，作出清爽的滋味。

材料（4～5人份）
彼士裘依蛋糕體（參照P.14）… 約½片
覆盆子（冷凍）… 150g
【白巧克力奶油】
  鮮奶油…200㎖
  白巧克力…120g
  原味優格（無糖）…50g
  萊姆果汁…1小匙
白巧克力（裝飾用・用湯匙削出）…少許
覆盆子（新鮮）…適量
萊姆皮（磨碎）…少許

前置作業
・將製作白巧克力奶油所要使用的白巧克力切成細碎狀。
・將彼士裘依蛋糕體沿盛裝的器皿劃圓切出。
　剩餘部分取一半切成邊長3cm的正方形，
　另一半切成邊長1cm的正方形。

作法

 製作白巧克力奶油：首先將鮮奶油50㎖放入耐熱調理盆中，輕輕蓋
上保鮮膜用微波爐加熱約40秒。加入白巧克力，緩慢攪拌融化，再
加入優格及萊姆果汁混合。靜置放涼。

2 接著，一邊冷卻調理盆底部一邊將鮮奶油150㎖打至8分發，再大
略混合至1中。

3 將切成圓形的彼士裘依蛋糕體鋪於器皿中，依序堆疊：冷凍覆盆子
→2→切成邊長3cm的正方形彼氏裘依蛋糕體→2→切成邊長1cm
的正方形彼氏裘依蛋糕體，再放上剩餘的2及覆盆子。

4 撒上裝飾用的白巧克力與萊姆皮。放進冰箱冷藏約30分鐘後最適合
享用。

橘子咖啡凍
提拉米蘇風查佛蛋糕

高人氣的提拉米蘇也是查佛蛋糕的一種。
為了作出美麗分層，而把咖啡作成咖啡凍。
再堆疊橘子以其香氣與酸味作點綴，
色調也很有大人味，是一道別緻的甜點。

材料（4～5人份）

彼士裘依蛋糕體（參照P.14）… 約½片

【咖啡凍】

濃咖啡（熱）… 250mℓ

明膠粉 … 5g

【糖漬橘子】

橘子…2顆

細砂糖、柑曼怡香橙干邑甜酒… 各1大匙

【馬斯卡彭奶油】

蛋黃…2顆

蛋白…2顆份

細砂糖…60g

馬斯卡彭起司…250g

可可粉…適量

前置作業

・在2大匙水中（份量外）篩入明膠粉浸泡。

・將彼士裘依蛋糕體沿盛裝的器皿邊緣切出。

作法

1 製作咖啡凍：在濃咖啡中加入浸泡後的明膠，充分混合溶解後，放涼再移至調理盤，放進冰箱冷藏2小時以上凝固。

2 製作糖漬橘子：將橘子用刀切去上下部，連同果肉內膜與果皮一起剝除，取出果肉後切成一口大小。再拌入細砂糖與柑曼怡香橙干邑甜酒。

3 製作馬斯卡彭奶油：首先將蛋黃與細砂糖20g放入調理盆並隔水加熱，同時用打蛋器打發（a）。從熱水中移出，打發至變涼為止。再加入馬斯卡彭起司，充分攪拌混合至均勻為止。

⇒隔水加熱為將調理盆底部置於沸騰的熱水中，以小火加熱，便可使水溫維持在適當的80～100℃。

4 接著，將蛋白放入另一個調理盆並用手持攪拌器攪拌，待整體泛白後，分3～4次加入細砂糖，每次加入都要再次打發。待呈現光澤感且可立起尖角後（b），加入至3中，用打蛋器大略混合並保持氣泡不破裂（c）。

5 在器皿中各放入1片彼士裘依蛋糕體，淋上相同份量的糖漬果汁。依序堆疊：2→4→彼士裘依蛋糕體→用湯匙舀出的1→4，最後撒上可可粉。放進冰箱冷藏約1～2小時後最適合享用。

材料（4～5人份）

彼士裘依蛋糕體（參照P.14）… 約½片

【焦糖香蕉】

香蕉…2根

細砂糖…4大匙

水…1小匙

鮮奶油…4大匙

蘭姆酒…1大匙

【橘子糖漿】

橘子醬…1大匙

水…2大匙

柑曼怡香橙干邑甜酒…1大匙

鮮奶油…200mℓ

細砂糖…15g

蘭姆酒…1小匙

卡士達醬…P.38的份量

餅乾（剁碎）、胡桃（切碎）…各適量

前置作業

・將彼士裘依蛋糕體切成邊長2～3cm的正方形。

・製作橘子糖漿：在耐熱調理盆中混合橘子醬和水，
　用微波爐加熱約20秒使其充分混合，
　再加入柑曼怡香橙干邑甜酒攪拌混合。

・卡士達醬用打蛋器打至滑順。

作法

1　製作焦糖香蕉：將香蕉切成5mm厚的圓片備用。在平底鍋放入細
　　砂糖與水，用大火煮至鍋子邊緣開始帶有顏色後輕輕轉動平底鍋，
　　整體煮至焦糖色後，從火源移開加入鮮奶油，再於小火上攪拌混
　　合，並加入蘭姆酒。先取出2大匙備用，剩餘部分在仍有熱度時拌
　　入香蕉。

2　在鮮奶油中加入細砂糖，一邊冷卻調理盆底部一邊打至6分發，並
　　將蘭姆酒混入。

3　在器皿中放入一半量的彼士裘依蛋糕體，並塗上橘子糖漿，依序
　　堆疊：1→卡士達醬→彼士裘依蛋糕體→橘子糖漿→堅果→餅乾
　　→2→餅乾→1。

4　將事先取出的焦糖加入少量熱水稀釋並淋上，最後撒上堅果。

焦糖香蕉
卡士達醬查佛蛋糕

入口即化的卡士達與香蕉的溫順組合。
橘子醬的酸味與香氣成為絕妙點綴，
而堅果及餅乾的香味也是不可或缺的。

糖煮蘋果酸奶油查佛蛋糕

帶有微酸的酸奶油，比去除水分的優格口味層次更豐富，
也比奶油起司更容易攪拌，是很方便使用的奶油。
而糖煮蘋果的醬汁，會浸漬到彼士裘依蛋糕體中。

材料（4～5人份）
彼士裘依蛋糕體（P.14）… 約½片
【糖煮蘋果】（方便製作的份量。使用1顆份）
　蘋果（紅玉）…2顆
　白酒…100mℓ
　水…300mℓ
　細砂糖…150g
　檸檬汁…½大匙
【酸奶油霜】
　鮮奶油…150mℓ
　細砂糖…1大匙
　酸奶油…70g
【焦化楓糖胡桃】
　胡桃…40g
　楓糖糖漿…1大匙

前置作業
・將彼士裘依蛋糕體切成邊長3cm的正方形。
・將烤箱預熱至170℃。

作法

1 製作糖煮蘋果（ⓐ）：將蘋果切成4瓣並去皮去芯。在鍋中放入白
　酒、水、細砂糖，稍微煮沸一下。再放入蘋果與蘋果皮並加入檸檬
　汁，蓋上鍋中蓋，用小火煮約10分鐘後，直接放涼。將1顆份取出
　切成一口大小，少部分切成薄片，拌入適量醬汁。剩餘部分放進冰
　箱冷藏可保存1週。

2 製作焦化楓糖胡桃：於胡桃淋上楓糖糖漿後，將其撒在鋪有烘焙紙
　的烤盤上，用170℃的烤箱烘烤10～15分鐘後取出放涼。

3 製作酸奶油霜：將鮮奶油和細砂糖放入調理盆中，一邊冷卻調理盆
　底部一邊打至6分發，再加入酸奶油並打至8分發。

4 於器皿中，依序堆疊：彼士裘依蛋糕體→一口大小的1→3→彼士
　裘依蛋糕體→切成薄片的1，最後撒上2。

葡萄果凍
白酒奶油查佛蛋糕

在查佛蛋糕的發源地英國，
有一種在鮮奶油霜中加入水果果泥，稱為「水果傻瓜」的甜點。
這裡是用白酒奶油取代果泥作成的清爽水果傻瓜，
搭配最佳組合的白葡萄，作出涼爽的查佛蛋糕。

材料（4～5人份）
彼士裘依蛋糕體（參照P.14）… 約½片
【葡萄果凍】
　葡萄（白葡萄）…250g
　白酒…75mℓ
　水…100mℓ
　細砂糖…1又½大匙
　明膠粉…5g
　檸檬汁…1小匙
【白酒奶油】
　鮮奶油…200mℓ
　蜂蜜…2小匙
　細砂糖…1小匙
　白酒…2～3大匙
細葉香芹…少許

前置作業
・將彼士裘依蛋糕體沿盛裝的器皿劃圓切出。
・在2大匙水中（份量外）篩入明膠粉浸泡。

作法

1 製作葡萄果凍：葡萄去皮，有籽的話切成一半去除。先取少許作為
裝飾用。在小鍋中放入白酒、水、細砂糖並用中火煮，待細砂糖融
化後加入浸泡後的明膠再混合溶解。加入葡萄與檸檬汁攪拌混合，
移至調理盤，放進冰箱冷藏1小時以上凝固。

2 製作白酒奶油：將鮮奶油與蜂蜜、細砂糖放入調理盆中，一邊冷卻
調理盆底部一邊打至8分發。再加入白酒，緩慢攪拌打發。

3 在器皿中，依序堆疊：彼士裘依蛋糕體→*1*→彼士裘依蛋糕體→*2*，
並放上裝飾用的葡萄和細葉香芹。

無花果芒果
豆乳奶酪查佛蛋糕

用豆奶作的奶酪有著和牛乳稍微不同的醇厚滋味。

和酸味少的水果相當搭配。

這裡是使用芒果和無花果,不過即使單放任何一種也十分美味。

搭配的砂糖推薦使用質樸的紅砂糖或楓糖糖漿。

材料（4～5人份）
彼士裘依蛋糕體（參照P.14）… 約½片
無花果…2顆
芒果…½ 顆
【豆乳奶酪】
　豆乳（成分無調整）…300㎖
　紅砂糖…30g
　明膠粉…5g
　原味優格（無糖）…30g
鮮奶油…100㎖
細砂糖…20g
【君度橙酒糖漿】
　水…2大匙
　細砂糖…1小匙
　君度橙酒 …1小匙

前置作業
・在2大匙水中（份量外）篩入明膠粉浸泡。

作法

1 製作豆乳奶酪：首先將豆奶50㎖與紅砂糖放入耐熱調理盆中，用微波爐加熱約1分鐘後，加入浸泡過的明膠並溶解。

2 接著，在另一個調理盆中放入優格與豆乳250㎖充分混合，再加入*1*並攪拌混合，放進冰箱冷藏2小時以上凝固。

3 將彼士裘依蛋糕體切成邊長4～5cm的正方形。在鮮奶油中加入細砂糖，一邊冷卻調理盆底部一邊打至8分發。將芒果切成邊長2cm的方形。無花果去皮並切成4份。

4 製作君度橙酒糖漿：將水和細砂糖放入耐熱調理盆中，用微波爐加熱約15秒並混合，細砂糖融化後加入君度橙酒再混合。

5 在彼士裘依蛋糕體上塗抹*4*。放入器皿中，依序堆疊：芒果→*2*→鮮奶油→無花果。

黑櫻桃甘納許查佛蛋糕（右）
金柑甘納許查佛蛋糕（左）

不放低筋麵粉烘烤而成的甘納許蛋糕體，雖然有很多氣泡而容易化掉，
但相當濕潤，能將巧克力的風味完全濃縮其中。
和櫻桃與金柑這兩種能充分呈現洋酒風味的配料相當搭配。
鮮奶油中不加入甜味，就能作出大人滋味的甜點。

材料（各2～3人份）
【甘納許蛋糕體 ＊共通】（烤盤邊長29cm的正方形／1片份）

> 蛋白…3顆份
> 細砂糖…30g
> 鮮奶油…100㎖
> 巧克力（切碎）…100g

● 黑櫻桃甘納許查佛蛋糕
甘納許蛋糕體…½ 片
黑櫻桃（罐裝）…100g
櫻桃白蘭地…1大匙
鮮奶油…100㎖

● 金柑甘納許查佛蛋糕
甘納許蛋糕體…½ 片
甘煮金柑 （MEMO）…適量
柑曼怡香橙干邑甜酒…適量
鮮奶油…100㎖

前置作業 ＊共通
· 在烤盤上鋪烘焙紙（參照P.16）。
· 烤箱預熱至200℃。

作法
●黑櫻桃甘納許查佛蛋糕

1　製作甘納許蛋糕體：首先將鮮奶油放入小鍋中加熱至快要沸騰，再
倒入放有巧克力的調理盆中攪拌混合。靜置放涼。

2　接著打發蛋白，一邊將細砂糖分3～4次加入，一邊打發至可立起尖
角為止。加入至1中，並用刮刀大致混合。在烤盤上延展開來，用
200℃的烤箱烘烤7～8分。放涼後切成邊長2cm的正方形。

3　將罐裝黑櫻桃的汁液稍微瀝去後放入鍋中，加入櫻桃白蘭地並稍微
沸騰一下後放涼。

4　將鮮奶油打至8分發，在器皿中，依序堆疊：2→鮮奶油→3→2→
鮮奶油→3。

●金柑甘納許查佛蛋糕
同樣以上述1～2作法製作甘納許蛋糕體，放涼後切成邊長2cm的
正方形。將柑曼怡香橙干邑甜酒撒於甘煮金柑上。將鮮奶油打至8
分發，同樣以上述作法4來堆疊。

> ～ MEMO ～
> 甘煮金柑
> （方便製作的份量）
>
> 將金柑250g縱切成一半並去
> 籽。將金柑與水100㎖放入
> 鍋中，用中火煮約5分鐘，再
> 加入細砂糖100g並轉成小火
> 煮約15分鐘。靜置放涼。當
> 作甜點直接享用，或是加在
> 優格上都非常美味。

卡士達醬作法

材料（方便製作的份量）
蛋黃…2顆
細砂糖…40g
玉米澱粉…15g
牛奶…200mℓ
香草莢…1/4根

前置作業
・將香草莢縱切為一半，
　用菜刀前端刮出裡面的籽。
・在調理盤上鋪保鮮膜。

雞蛋的溫和滋味上飄散出香草的香氣，
是使用範圍很廣的奶油。
不論是作為查佛蛋糕的奶油，
或與等量的鮮奶油霜混合，再與鮮奶油堆疊塗抹後捲起，
作成奶油蛋糕捲，都很推薦。

【 本書中使用到的點心 】
・P.28「焦糖香蕉卡士達醬查佛蛋糕」

1.
將蛋黃與細砂糖放入調理盆中，用打蛋器攪拌混合至細砂糖融化且整體出現光澤為止。再加入玉米澱粉並快速攪拌混合。

2.
在小鍋中放入牛奶和香草籽，用中火加熱至快要沸騰為止。少量加入至*1*中，並用打蛋器混合。

3.
將*2*放回裝有牛奶的鍋中，一邊用打蛋器攪拌一邊用中火加熱至沸騰冒泡為止，不時使用刮刀將沾到鍋邊的奶油刮下並混合。

4.
一邊用打蛋器充分攪拌一邊再次加熱，變成舀起會一下子就落下的狀態後從火源移開。

5.
用篩網過濾放入調理盤中。

6.
於上方覆蓋保鮮膜並整平，用冰塊或保冷劑等快速降溫，再放進冰箱冷藏。使用時先用打蛋器攪拌至滑順。

Chapter 2

SQUARE CAKE
方形蛋糕

堆疊烘烤成薄片的海綿蛋糕體作成的蛋糕，
刻意使用少量奶油，以充分品嘗蛋糕體本身的美味。
搭配的水果，可以使用顏色不會改變、
可稍微加熱過、或是糖漬過的。
大致塗好奶油後，
先放進冰箱冷藏一下，
就能使形狀穩定，作出漂亮的成品。

Chapter 2

SQUARE CAKE

草莓鮮奶油蛋糕

好吃又可愛，最經典的草莓鮮奶油蛋糕。
只要用烤盤烘烤出傑諾瓦士，即使不切成均等的薄片也沒關係。
切好後堆疊，再用湯匙舀起鮮奶油放在上面，
就能作出像禮物盒一樣的蛋糕。

作法⇒P.42

草莓鮮奶油蛋糕

材料（約13cm的正方形／一個份）

傑諾瓦士蛋糕體（參照P.12）…1片份
草莓…1盒（250g）
鮮奶油…300㎖
細砂糖…20g

【 櫻桃白蘭地糖漿 】
　　水…50㎖
　　細砂糖…1大匙
　　櫻桃白蘭地（或柑曼怡香橙干邑甜酒、
　　君度橙酒等）…1/2大匙

前置作業

・製作櫻桃白蘭地糖漿：
　將水和細砂糖放入耐熱調理盆中，
　用微波爐加熱約30秒並攪拌混合，
　細砂糖融化後再加入櫻桃白蘭地混合。
・草莓先取出裝飾用的7～8粒備用。
　剩餘縱切成7～8mm厚。
・在鮮奶油中加入細砂糖，
　一邊冷卻調理盆底部一邊打至8分發。

Genoise

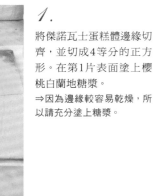

1.

將傑諾瓦士蛋糕體邊緣切齊，並切成4等分的正方形。在第1片表面塗上櫻桃白蘭地糖漿。
⇒因為邊緣較容易乾燥，所以請充分塗上糖漿。

2.

塗上鮮奶油。

3.

將切成7～8mm厚的草莓一邊改變方向一邊排放，使其沒有空隙。

4.

塗上薄薄一層鮮奶油。

5.

堆疊第2片蛋糕體，塗上櫻桃白蘭地糖漿。
⇒交互堆疊使烤盤邊緣部分不在同一方向，就可使高度均等。

6.

塗上鮮奶油。

7.

與3相同方式放上草莓，塗上薄薄一層鮮奶油。堆疊第3片蛋糕體，塗上櫻桃白蘭地糖漿。再以相同方式堆疊第4片蛋糕體。

8.

上層塗抹鮮奶油，切齊邊緣，先放進冰箱冷藏約30分鐘。

9.

從冰箱冷藏取出，在剩餘奶油中加入少許（份量外）鮮奶油使其鬆軟後，放置蛋糕上，疊成厚厚一堆再稍稍延展開來。

10.

依喜好切出裝飾用的草莓，放上適合的份量。

ARRANGE

在作法8將側面切齊並冷卻後，直接僅裝飾上草莓也很不錯。會更有現代感。

哈密瓜鮮奶油蛋糕

哈密瓜和牛奶的滋味，意外地相當融洽。
又甜又香濃，又稍微帶有清爽感的哈密瓜，
切開後也能保持美麗的色澤。
作為鮮奶油蛋糕的材料也非常優秀。
作法⇒P.46

西瓜鮮奶油蛋糕

水嫩西瓜製作的鮮奶油蛋糕。
令人驚訝的是即使放了一段時間，
味道也不會變淡。
具有爽脆輕盈口感的蛋糕，最適合夏天了！
作法⇒P.47

哈密瓜鮮奶油蛋糕

材料（約24×8cm／一條份）
傑諾瓦士蛋糕體（參照P.12）…1片
哈密瓜…200g去皮
鮮奶油…300㎖
細砂糖…20g
【 櫻桃白蘭地糖漿 】

　水…50㎖
　細砂糖…1大匙
　櫻桃白蘭地…2小匙

Genoise

前置作業
・製作櫻桃白蘭地糖漿：將水和細砂糖放入耐熱調理盆中，
　用微波爐加熱約30秒並攪拌混合，
　細砂糖融化後再加入櫻桃白蘭地混合。
・傑諾瓦士蛋糕體邊緣切齊，再切成3等分。
・哈密瓜先圓挖出裝飾用的7～8顆。
　剩餘切成1cm厚的一口大小。
・在鮮奶油中加入細砂糖，
　一邊冷卻調理盆底部一邊打至8分發。

作法

1 　在第1片蛋糕體表面塗上櫻桃白蘭地糖漿後，再塗上鮮奶油（ⓐ）。

2 　將一半量的哈密瓜一邊改變方向一邊排放，盡可能使其沒有空隙
　　（ⓑ）後，於上面塗上薄薄一層鮮奶油。

3 　堆疊第2片蛋糕體（ⓒ），在上面塗上櫻桃白蘭地糖漿。再塗上鮮奶
　　油，並以相同方式放上剩餘的哈密瓜，於上面塗上薄薄一層鮮奶油。

4 　堆疊第3片蛋糕體，並於上層、側面塗上剩餘的鮮奶油，再放上裝
　　飾用的哈密瓜。

西瓜鮮奶油蛋糕

材料（約24×8cm／一條份）
傑諾瓦士蛋糕體（參照P.12）…1片
西瓜…200g去皮
鮮奶油…300mℓ
細砂糖…20g
【 君度橙酒糖漿 】
  水…50mℓ
  細砂糖…1大匙
  君度橙酒…2小匙
巧克力碎片…適量

Genoise

前置作業
・製作君度橙酒糖漿：將水和細砂糖放入耐熱調理盆中，
  用微波爐加熱約30秒並攪拌混合，
  細砂糖融化後再加入君度橙酒混合。
・傑諾瓦士蛋糕體邊緣切齊，再切成3等分。
・西瓜先切出裝飾用一口大小的三角形8～10塊。
  剩餘切成1cm厚的三角形。
・在鮮奶油中加入細砂糖，
  一邊冷卻調理盆底部一邊打至8分發。

作法
1 在第1片蛋糕體表面塗上君度橙酒糖漿後，再塗上鮮奶油。

2 將一半量的西瓜一邊改變方向一邊排放，盡可能使其沒有空隙
  （a）後，於上面塗上薄薄一層鮮奶油。

3 堆疊第2片蛋糕體，塗上君度橙酒糖漿。再塗上鮮奶油，並以相同
  方式放上剩餘的西瓜後，於上面塗上薄薄一層鮮奶油。

4 堆疊第3片蛋糕體，並於上層、側面塗上剩餘的鮮奶油，再放上裝
  飾用的西瓜並撒上巧克力碎片。

水蜜桃馬斯卡彭奶油
水果蛋糕

濃郁的馬斯卡彭起司與水蜜桃組合成的奢華水果蛋糕。
側面刻意不塗上滿滿鮮奶油，
就喜歡這種直白隨興風格的樸素感。
點綴用的紅色覆盆子糖漿也讓外觀更可愛。

材料（約13cm的正方形／一個份）
傑諾瓦士蛋糕體（參照P.12）…1片
水蜜桃…1顆
水…200ml
檸檬汁…1大匙

【馬斯卡彭奶油】

鮮奶油…200ml
細砂糖…25g
馬斯卡彭起司…100g

【糖漿】

水…50ml
細砂糖…30g

【覆盆子糖漿】

覆盆子（冷凍）…50g
細砂糖…2大匙
水…1大匙
檸檬汁…少許

Genoise

前置作業

· 傑諾瓦士蛋糕體邊緣切齊，並切成4等分的正方形。
· 製作糖漿：將水和細砂糖放入耐熱調理盆中，
  用微波爐加熱約30秒並攪拌混合，使細砂糖融化。
· 製作覆盆子糖漿：將覆盆子、水和細砂糖放入耐熱調理盆中，
  輕輕蓋上保鮮膜用微波爐加熱約1分鐘並攪拌混合，
  使細砂糖融化。放入篩網用刮刀充分擠壓濾出（a）。
  再加入檸檬汁混合。

作法

1　製作馬斯卡彭奶油：先取出2大匙鮮奶油備用後，加入細砂糖，一邊
　　冷卻調理盆底部一邊打至6分發，再混合馬斯卡彭起司打至8分發。

2　混合水和檸檬汁，將水蜜桃薄切成5mm厚並拌入其中。將第1片蛋
　　糕體塗上覆盆子糖漿。再塗上1（b），將一半量的水蜜桃一邊改
　　變方向一邊排放，使其沒有空隙（c）。再從上方塗上薄薄一層1
　　蓋住水蜜桃。
　　⇒可多放一些奶油，若從旁邊滑落也沒關係。

3　將第2片蛋糕體塗上覆盆子糖漿後，堆疊在2上（d），並塗上薄薄
　　一層1。放上第3片蛋糕體，與2同樣方式堆疊1和水蜜桃。放上
　　第4片蛋糕體，將落在側邊的奶油大略整平。上層放上滿滿的1，
　　用脫模刀將上層刮平，用落下的奶油整平側面。放進冰箱冷藏。

4　用事先取出的鮮奶油將剩餘的1鬆軟延展開來，塗抹於上層。最後
　　放上百里香（份量外）裝飾。

蜜柑彼士裘依三明治（上）
柿子彼士裘依三明治（下）

多加了一點低筋麵粉作出具有扎實口感的蛋糕體，
最適合用於水果三明治。帶有伯爵茶香的奶油，
秋天時可以配上洋梨、夏天則配上水蜜桃，都很美味。
有可愛橫切面的蜜柑，則適合搭配有層次的酸奶油。

材料（各2個份）

【彼士裘依蛋糕體 ＊共通】（烤盤邊長29cm的正方形／1片份）

蛋…3顆
細砂糖…70g
低筋麵粉…100g
糖粉…1大匙

Biscuit

●蜜柑彼士裘依三明治

彼士裘依蛋糕體…1片
蜜柑…2～3顆

【酸奶油霜】

酸奶油…50g
細砂糖…1大匙
鮮奶油…200㎖

●柿子彼士裘依三明治

彼士裘依蛋糕體…1片
柿子…2～3顆

【伯爵茶奶油】

茶包（伯爵茶）…2袋
鮮奶油…200㎖
細砂糖…1大匙

前置作業 ＊共通

・在烤盤上鋪烘焙紙（參照P.16）。
・將烤箱預熱至200℃。

作法

●蜜柑彼士裘依三明治

1 　上述份量用P.15同樣步驟烘烤彼士裘依蛋糕體。放涼後切齊邊緣，
　　再切成4等分的正方形。

2 　將蜜柑用刀連果肉內膜與果皮一起剝除，縱切為一半～4等分。

3 　製作酸奶油霜：將酸奶油與細砂糖放入調理盆中混合，分次少量加
　　入鮮奶油，一邊冷卻調理盆底部一邊打至9分發。

4 　先將第1片蛋糕體的烤痕朝下，塗上 *3* （ a ），排放好蜜柑（ b ）
　　後，於上方塗上薄薄一層 *3* ，將第2片烤痕朝上放上（ c ）。以同
　　樣方式再作一個。分別用保鮮膜包好放進冰箱冷藏，使形狀穩定
　　後切半。

⇒切半時，為了能在正中間的切口看見大的橫切面，擺放蜜柑時就要在中間位置放
切得較大塊的蜜柑。

●柿子彼士裘依三明治

1 以左頁之份量與P.15同樣步驟烘烤彼士裘依蛋糕體。放涼後切齊邊緣，再切成4等分的正方形。

2 將柿子果皮剝除，切為4～6等分的半月形。

3 製作伯爵茶奶油：從茶包取出紅茶茶葉與熱水60㎖（份量外）放入調理盆，放涼後過濾。在鮮奶油中加入細砂糖，一邊冷卻調理盆底部一邊打至9分發，再混合紅茶液。

4 先將第1片蛋糕體的烤痕朝下，並塗上3，排放好柿子（d）。以與「蜜柑彼士裘依三明治」同樣方式製作成形，冷卻後切半。

無花果香料茶
水果蛋糕

用肉桂和小豆蔻增添傑諾瓦士蛋糕體的香氣。
塗上濃濃散發紅茶和蘭姆酒香氣的糖漿，
再搭配風味獨特的無花果，以及具層次的紅砂糖來賦予甜味的奶油，
就能品味到如同拼圖時，恰好對上般的絕妙組合。

材料（約24×8cm／一條份）

【香料風味的傑諾瓦士蛋糕體】

　蛋…3顆

　紅砂糖…80g

　低筋麵粉…60g

　肉桂粉…¼小匙

　小豆蔻粉…¼小匙

　食用油（無香氣）…2小匙

　牛奶…1又½大匙

【紅茶糖漿】

　茶包…2袋

　水…50mℓ

　細砂糖…1大匙

　蘭姆酒…2小匙

鮮奶油…200mℓ

紅砂糖…1大匙

無花果…500g

糖粉…適量

前置作業

・在烤盤上鋪烘焙紙（參照P.16）。

・將烤箱預熱至190℃。

・製作紅茶糖漿：從茶包取出紅茶茶葉
　與水放入小鍋中稍微沸騰一下，再過濾。
　接著混合融化細砂糖，再混入蘭姆酒。

作法

1　製作香料風味的傑諾瓦士蛋糕體：將低筋麵粉與香料混合過篩，與
　　P.13同樣步驟烘烤並放涼。

2　在鮮奶油中加入紅砂糖，一邊冷卻調理盆底部一邊打至8分發。無
　　花果去皮，切成一口大小。

3　傑諾瓦士蛋糕體邊緣切齊，再切成3等分。將第1片塗上紅茶糖漿。再
　　塗上2（a），放上一半量的無花果（b）。上面塗上薄薄一層2，堆
　　疊第2片蛋糕體，再塗上糖漿，同樣再堆疊一層（c）。最後用濾茶網
　　撒上糖粉。

杏桃奶油霜一口甜點

用杏桃乾作出的果泥帶有濃厚的酸味和甜味。
搭配濃郁的奶油霜，作成些許懷舊風味。
即使份量小也能帶來滿足感的蛋糕。就算內餡相同但只要改變配料，
就能呈現不同感覺，非常有趣。當然，單純只有一種也非常棒。

材料（5×4cm／10個份）
彼士裘依蛋糕體（參照P.14）…1片
【 杏桃果泥 】

　杏桃乾…50g
　細砂糖…25g
　水…150㎖
奶油霜…P.60的份量
糖粉、椰子絲、巧克力、杏仁片…各適量

作法

1 製作杏桃果泥：把杏桃乾切成5mm的方形。將杏桃乾、細砂糖、水等材料放入鍋中，蓋上鍋蓋用小火煮約15～20分鐘。杏桃變軟後，從火源移開放涼，再用攪拌器打至滑順。

2 彼士裘依蛋糕體邊緣切齊後，再對切成兩份。第1片塗上薄薄一層奶油霜（a）。將*1*舀3～4大匙放於各處，再大略延展開來（b）。接著堆疊上第2片蛋糕體（c），塗上奶油霜，並橫切一半、縱切為5等分。

3 於每等分表面放上配料。可將剩餘的奶油霜與*1*各放上約1小匙大略混合，作出大理石花紋。另外，亦可撒上糖粉、椰子絲、塗上奶油霜再放上杏仁片，或放上削好的巧克力等，依喜好分別放上配料。

Biscuit

歐培拉風方形蛋糕

咖啡、巧克力、杏仁、蘭姆酒。
保持正統的歐培拉組合，作出稍微簡單、輕巧的成品。
再放上酥脆的堅果提味。
切成薄片少量慢慢享用，是屬於大人的點心。

材料（約24×8cm／一條份）

【杏仁風味的彼士裘依蛋糕體】

蛋…2顆

細砂糖…70g

低筋麵粉…40g

杏仁粉…30g

糖粉…1大匙

【咖啡糖漿】

即溶咖啡粉…1大匙

細砂糖…20g

熱水…70㎖

蘭姆酒…2小匙

【甘納許】

巧克力（切碎）…50g

鮮奶油…30㎖

【咖啡奶油霜】

奶油霜…P.60的份量

即溶咖啡粉…2小匙

熱水…2小匙

蘭姆葡萄乾…40g

【焦化杏仁】

細砂糖…2大匙

水…2大匙

杏仁片…80g

前置作業

・在2個烤盤各鋪上烘焙紙（參照P.16）。

・將烤箱預熱至160℃。

・製作焦化杏仁：用小鍋將細砂糖與水煮至沸騰，熄火後拌入杏仁。
　散開在1個烤盤上，用160℃的烤箱烘烤約15分鐘（a）。
　取出後將烤箱設為200℃。

・製作咖啡糖漿：將咖啡粉與細砂糖放入耐熱調理盆中，
　注入熱水並攪拌混合，再加入蘭姆酒混合。

作法

1 製作杏仁風味的彼士裘依蛋糕體：混合過篩低筋麵粉與杏仁粉，用
　P.15同樣步驟烘烤後放涼。

2 製作咖啡奶油霜：用熱水溶解咖啡粉後放涼。加入奶油霜中，再用
　打蛋器充分攪拌混合。

3 製作甘納許：將巧克力放入調理盆中，加入加熱至快要沸騰的鮮奶
　油，緩慢攪拌混合。再取出1大匙備用。

4 彼士裘依蛋糕體邊緣切齊，再切成3等分。將第1片塗上咖啡糖漿，
　再堆疊塗上*2*，撒上蘭姆葡萄乾並輕輕壓入以整平表面。

5 將第2片蛋糕體的雙面都充分塗滿咖啡糖漿再疊放（b），接著於上
　面塗抹甘納許。堆疊第3片蛋糕體（c），再塗上咖啡糖漿。

6 在最上層塗上*2*，並輕輕整平側面溢出的奶油。在上層3～4處隨意
　抹上事先取出的甘納許（d），再用脫模刀大略整平（e）。最
　後，在側面黏放上焦化杏仁。

卡門貝爾奶油大布雪

把蛋糕體烘烤得又圓又澎，作出柔軟的三明治蛋糕。
稍微帶有鹹味的卡門貝爾奶油與紅酒風味的無花果非常搭配。
是一款讓人想和酒一同享用的甜點。
也可以改用布里起司或藍起司。請視鹹度調整味道。

材料（直徑約15cm／1個份）
【 彼士裘依蛋糕體 】
　蛋…2顆
　細砂糖…50g
　低筋麵粉…40g
　糖粉…1大匙
【 卡門貝爾奶油 】
　卡門貝爾起司…60g
　鮮奶油…100mℓ
　蜂蜜…½大匙
無花果乾…3～4顆
紅酒…2大匙

前置作業
・在烤盤上鋪烘焙紙（參照P.16）。
・將烤箱預熱至200℃。

作法

1　上述份量與P.15作法5為止的同樣步驟，來製作彼士裘依蛋糕體。
　在烤盤上各放一半份量的麵糊，分別用湯匙延展成直徑約14cm的
　圓形，再用濾茶網均勻撒上糖粉後，以200℃的烤箱烘烤7～8分
　鐘。烘烤完成後從烤盤上取下，置於網架上放涼。
　⇒沒有要馬上使用時，確實放涼後用保鮮膜蓋上。

2　將無花果乾切成邊長2cm的方形，放入耐熱調理盆中，撒上紅酒，
　輕輕蓋上保鮮膜，用微波爐加熱約1分鐘之後放涼。

3　將卡門貝爾起司切成邊長1cm的方形。將鮮奶油2大匙、卡門貝爾起
　司放入耐熱調理盆中，輕輕蓋上保鮮膜用微波爐加熱20秒，充分攪
　拌融化。在另一個調理盆中放入鮮奶油70mℓ和蜂蜜，一邊冷卻調理
　盆底部一邊打至6分發，再加入前述融化的起司奶油後打至8分發。

4　在1片彼士裘依蛋糕體上放⅔量的3（a），並撒上2（b）。接著
　在無花果上放上剩餘的3後，再堆疊上另一片蛋糕體（c）。

奶油霜作法

材料（方便製作的份量）
蛋白…1顆份
細砂糖…40g
奶油（無鹽）…90g

前置作業
・將奶油回復至室溫。

口感濃郁而滑順。
帶有一點懷舊風味的奶油霜，
因為軟硬度剛好，
所以即使是初學者也能簡單成形，成功作出蛋糕。
一邊隔水加熱，一邊打發蛋白，就能保持蓬鬆度。

【 本書中使用到的點心 】
・P.54「杏桃奶油霜一口甜點」
・P.56「歐培拉風方形蛋糕」

1.
將蛋白及細砂糖放入調理盆中，用手持攪拌器稍微混合。一邊隔水加熱，一邊打發蛋白。
⇒隔水加熱為將調理盆底部置於沸騰的熱水中，以小火加熱，即為適當溫度。

2.
加熱至手指觸摸感到微熱的程度，即大約為50℃後，就從熱水中移出，並接著打發。

3.
打發至用手持攪拌器舀起，會立起尖角再垂下的狀態為止。

4.
在另一個調理盆中放入奶油，用刮刀攪打至柔軟滑順為止。

5.
舀一匙 3 放入，並用刮刀充分攪拌混合至均勻為止。

6.
將 5 放回 3 的調理盆中，用刮刀大略混合。

Chapter 3

ROLL CAKE
蛋糕捲

有了烤盤上烘烤出的薄薄海綿蛋糕體，
才能夠作出蛋糕捲。
希望大家能享受蛋糕體
與充分打發的奶油這個單純組合。
捲入水果時，要先確實去除水分。
與剛作好時相比，隔天蛋糕體與奶油會相互融合，
此時更加美味。

Chapter 3
ROLL CAKE

整顆草莓蛋糕捲

將傑諾瓦士蛋糕體的烤色露出外側，作出長崎蛋糕風的蛋糕捲。
緊密排放大顆草莓，無論從哪裡切開都能看見草莓。
不塗抹糖漿，享用蛋糕體原本的甘甜。
隔天奶油和蛋糕體會相互融合，當作禮物也很適合。
作法⇒P.64

綜合水果蛋糕捲

是款外層柔軟蓬鬆的蛋黃色蛋糕捲。

可以將多種水果切成小塊,像珠寶盒一樣鑲嵌其中。

即使是使用罐裝水果也能作出美味成品。

若可以,嘗試在鮮奶油中混入卡士達醬也很不錯喔!

作法⇒P.64

整顆草莓蛋糕捲

材料（長度約24cm／1條份）
傑諾瓦士蛋糕體（參照P.12）…1片
草莓…12～15粒
鮮奶油…200㎖
細砂糖…1大匙

前置作業
・將傑諾瓦士蛋糕體靠近自己這側的邊緣直直切下
　（會成為蛋糕捲的中心）。
・將草莓擦去水氣。

綜合水果蛋糕捲

材料（長度約24cm／1條份）
傑諾瓦士蛋糕體（參照P.12）…1片
喜愛的水果（草莓、奇異果、芒果等）…180g
鮮奶油…200㎖
蜂蜜…1大匙

前置作業
・將傑諾瓦士蛋糕體靠近自己這側的邊緣直直切下
　（會成為蛋糕捲的中心）。
・水果切成邊長7mm的方形，並去除水氣。

1.（共通）
在鮮奶油中加入細砂糖
（或蜂蜜），一邊冷卻調理
盆底部一邊打至9分發。

2.
裁剪出比蛋糕體長一些的
烘焙紙。展開來並將傑諾
瓦士蛋糕體的烤痕朝下放
置，均勻塗抹鮮奶油於其
上。靠近自己這側需多塗
抹一些。

3.
蛋糕體靠近自己這側空下
約2cm，橫向排放一列草
莓。
⇒改變草莓方向來排列成一
直線，就可以使蛋糕捲所有
切口都露出草莓的橫切面。

4.
在靠近自己這側距離邊緣
1cm處劃下1道極淺的橫
向切痕，在之後每間隔3～
4cm劃下數道極淺橫向切
痕。

5.

提起靠近自己這側的烘焙紙,再將蛋糕體立起約3cm。這是捲起時的中心軸,確實固定住後,往前將草莓輕輕壓住,開始捲起。

1.

裁剪出比蛋糕體長一些的烘焙紙。展開來並將傑諾瓦士蛋糕體的烤痕朝上放置,均勻塗抹鮮奶油於其上。多塗抹一些在靠近自己這側。

6. (共通)

提起烘焙紙,一口氣捲到最後。

2.

在靠近自己這側距離邊緣1cm處劃下1道極淺的橫向切痕,在之後每間隔3～4cm劃下數道極淺橫向切痕。再於蛋糕體各處撒上水果。

7. (共通)

將最後捲完的部分朝下,捏住下方烘焙紙固定後,將上方烘焙紙往下蓋住,再用尺等從烘焙紙外側將其壓緊,整理形狀。

3.

提起靠近自己這側的烘焙紙,先將蛋糕體立起,再開始捲起。

8.

將左右兩側烘焙紙往內摺,用保鮮膜包裹好整個蛋糕捲,放進冰箱冷藏2～3小時,使形狀穩定。隔天最適合享用。

4.

提起烘焙紙捲到最後。與「整顆草莓蛋糕捲」6～7同樣方式製作。將左右兩側烘焙紙往內摺,用保鮮膜包裹放進冰箱冷藏2～3小時,使形狀穩定。隔天最適合享用。

焦糖蘋果蛋糕捲

把最喜歡的焦糖蘋果捲進蛋糕中。
用簡單的奶油與散發著蛋香的蛋糕體來凸顯蘋果滋味。
焦糖蘋果利於保存，所以可以多作一點，
放在吐司上品嘗也很美味。

材料（長度約24cm／1條份）
傑諾瓦士蛋糕體（參照P.12）…1片
【焦糖蘋果】
　蘋果（紅玉）…1顆
　細砂糖…30g＋1大匙
　水…1小匙
　奶油（無鹽）…½小匙
　鮮奶油…2大匙
鮮奶油…200mℓ
細砂糖…1大匙

作法

1　製作焦糖蘋果：將蘋果去除皮與芯，切成邊長1.5cm的方形。將細砂糖30g與水放入平底鍋，用大火直接加熱不攪拌，變成焦糖色後（ⓐ），加入蘋果與奶油拌炒（ⓑ）。蘋果變得有些透明後，撒下細砂糖1大匙拌入，再加入鮮奶油。炒至沒有水分為止（ⓒ），靜置放涼。

2　在鮮奶油中加入細砂糖，一邊冷卻調理盆底部一邊打至9分發。

3　將傑諾瓦士蛋糕體的烤痕朝下，上下邊切除。裁剪出比蛋糕體長一些的烘焙紙。展開來並放上蛋糕體後，均勻塗抹鮮奶油於上。多塗抹一些在靠近自己這側。

4　捲蛋糕的方式與P.64～65相同：首先在靠近自己這側距離邊緣1cm處劃下1道極淺的橫向切痕，在之後每間隔3～4cm劃下數道極淺橫向切痕。

5　接著，在靠近自己這側橫向排放一列焦糖蘋果，提起靠近自己這側的烘焙紙，先將蛋糕體立起，再開始捲起，提起烘焙紙捲到最後。

6　將5最後捲完的部分朝下，捏住下方烘焙紙固定，上方烘焙紙往下蓋住，再用尺從烘焙紙外側將其壓緊，整理形狀。

7　將左右烘焙紙往內摺後，用保鮮膜包裹放進冰箱冷藏2～3小時，使形狀穩定。隔天最適合享用。

柚香聖誕樹幹蛋糕

苦甜的蛋糕體，捲入帶有柚香的白巧克力奶油。
將日本酒融於糖漿內，
作出高雅又能稍稍感受到和風的滋味。
是屬於大人的靜謐聖誕節。

材料（長度約24cm／1條份）

【巧克力傑諾瓦士蛋糕體】

蛋…3顆
細砂糖…80g
低筋麵粉…45g
可可粉…15g
牛奶…2大匙

【白色甘納許】

鮮奶油（乳脂含量約35%）…100㎖
柚子皮（磨碎）…½顆份
白巧克力（切碎）…30g

【巧克力奶油】

可可粉…½小匙
細砂糖…1大匙
巧克力（可可成分60%以上，切細碎）…60g
牛奶…3大匙
鮮奶油（乳脂含量約35%）…150㎖

【日本酒糖漿】

水…40㎖
細砂糖…½大匙
日本酒…1又½大匙

可可粉、糖粉…各適量

前置作業

- 製作白色甘納許：將鮮奶油與柚子皮放入耐熱調理盆中，用微波爐加熱1分鐘後，取大約⅓量加入放有白巧克力的調理盆內，緩慢攪拌融化。剩餘份量分次少量加入混合，之後放進冰箱冷藏6小時以上。
- 在烤盤上鋪烘焙紙（參照P.16）。
- 將烤箱預熱至190℃。
- 製作日本酒糖漿：將水與細砂糖放入耐熱調理盆中，用微波爐加熱約30秒攪拌融化，再混入日本酒。

作法

1　製作巧克力傑諾瓦士蛋糕體：依照P.13中 1〜3 的要點將蛋與細砂糖打發，再將低筋麵粉與可可粉混合篩入，攪拌至沒有粉粒為止。加入加熱後的牛奶，用刮刀攪拌混合至呈現光澤感後，倒入烤盤，用190℃的烤箱烘烤10〜12分鐘後放涼。

2　製作巧克力奶油：將可可粉、細砂糖與巧克力放入調理盆中。用微波爐加熱牛奶40秒，再倒入調理盆中，攪拌使其融化。一邊用冰水冷卻調理盆底部一邊攪拌，巧克力冷卻後分次少量加入鮮奶油，並用打蛋器打至6分發。

3　將事先冷卻的白色甘納許用打蛋器打至8分發。

4　將蛋糕體放在烘焙紙上，塗抹日本酒糖漿，再用⅓量的巧克力奶油塗上非常薄的一層。接著將全部的白色甘納許置於蛋糕體上，用湯匙背面等輕輕展開整平。
⇒注意不要讓白色甘納許和下方的巧克力奶油混合。

5　在靠近自己這側距離邊緣1cm處劃下1道橫向切痕，在之後每間隔3〜4cm劃下數道橫向切痕。提起靠近自己這側的烘焙紙並開始捲起，將最後捲完的部分朝下，整理完形狀後，接著用刀或脫模刀等像梳理表面般塗抹剩餘的巧克力奶油（ⓐ）後，再冷卻2小時以上（參照P.64〜65）。隔天最適合享用。
⇒直線塗抹奶油，就能作出像樹幹的樣子。

6　盛盤的時候將兩端切齊，用濾茶網撒上可可粉和糖粉。如有需要，可以再裝飾蠟燭及市售的聖誕樹等。

藍莓圓形奶油蛋糕

將四方形的蛋糕體一圈圈捲成圓形，就能作出一般圓吋蛋糕。

其實比蛋糕捲還要簡單，大小也可以自由控制。

作出兩小塊也很可愛呢～！

淡紫色奶油也很討人喜歡。

葡萄柚的酸味和苦味藏在其中可以作為點綴。

作法⇒P.72

藍莓圓形奶油蛋糕

材料（直徑約13×高6cm的圓形／1個份）
烤盤用戚風蛋糕體（P.80）…1片
藍莓…25～26顆
【藍莓糖漿】
　藍莓（冷凍）…100g
　細砂糖…1又½大匙
　檸檬汁…1又½大匙
　檸檬皮（磨碎）…少許
【藍莓奶油】
　鮮奶油…300mℓ
　藍莓糖漿…3大匙
【糖漬葡萄柚】
　葡萄柚…6～7瓣
　細砂糖…1大匙
　柑曼怡香橙干邑甜酒…1小匙
食用花…少許

前置作業
・製作藍莓糖漿：
　將藍莓放入耐熱調理盆中，
　撒上細砂糖，不蓋保鮮膜
　直接用微波爐加熱4分鐘後過濾。
　再加入檸檬汁、檸檬皮混合後放涼。
・製作糖漬葡萄柚：
　葡萄柚用刀切去上下部，
　連同果肉內膜與果皮一起剝除後，
　一瓣果肉切成2～3等分，
　再拌入細砂糖與柑曼怡香橙干邑甜酒。

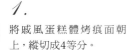

1.
將戚風蛋糕體烤痕面朝上，縱切成4等分。

2.
先取出3大匙藍莓糖漿備用後，將剩餘的部分塗在表面。

3.
一邊冷卻調理盆底部一邊將鮮奶油打至8分發，再混入事先取出的藍莓糖漿調勻。最後，將⅓量的藍莓奶油塗在*2*上。

4.
將藍莓15～16顆及糖漬葡萄柚放在塗抹好奶油的蛋糕體各處。

5.

將邊緣的1條切片從靠近自己這側開始捲起。

6.

最後捲完的尾端接到旁邊1條切片蛋糕，繼續捲。

7.

同樣地，再接到旁邊1條切片蛋糕繼續捲起。

8.

捲完4條切片後，使切口部分朝上，壓住捲完的最後部分，再輕輕整理形狀。

9.

將上方溢出的奶油整平。在捲完的最後部分加上一些奶油整平，使其沒有高低差。接著放進冰箱冷藏30分鐘以上穩定形狀。

10.

將剩餘的奶油放在上層，並推落至側面塗抹均勻。用剩餘的奶油、藍莓、食用花等裝飾。

ARRANGE

也可依喜好排放藍莓作為上層裝飾。

抹茶煉乳蛋糕捲

放入滿滿抹茶作出帶苦味的蛋糕，
製成適合搭配乳白色奶油的柔軟戚風蛋糕體（參照P.80）。
作法和彼士裘依蛋糕體大致相同，
再加入少許水分與油，就能作出更蓬鬆柔軟的口感。
簡單的組成也能作出相當圓滿的滋味。

材料（長度約24cm／1條份）

【抹茶戚風蛋糕體】
蛋黃…3顆
蛋白…3顆份
細砂糖…60g
食用油（無香氣）…2大匙
牛奶…40ml
低筋麵粉…45g
抹茶粉…8g

【煉乳奶油】
鮮奶油…200ml
煉乳…1又½大匙

前置作業
・在烤盤上鋪烘焙紙（參照P.16）。
・將烤箱預熱至200℃。

作法

1　製作抹茶戚風蛋糕體（參照P.80）：首先在蛋黃中依序加入細砂糖
2小匙、油、牛奶，每次加入都用打蛋器攪拌混合，再篩入低筋麵
粉與抹茶粉混合。

2　將蛋白放入另一個調理盆中，一邊加入剩餘的細砂糖，一邊打發至
立起尖角為止，再將⅓量加入蛋黃的調理盆中攪拌混合。接著加入
剩餘的蛋白，大略混合。最後倒入烤盤中整平，並用200℃的烤箱
烘烤8～10分鐘後放涼。

3　一邊冷卻調理盆底部一邊將煉乳奶油的鮮奶油打至9分發，再將煉
乳加入後大略混合。

4　將蛋糕體的烤痕朝上，上下邊切除。放在烘焙紙上後，於上面均勻
塗抹煉乳奶油。與P.64～65同樣方式在蛋糕體留下切痕後捲起，捲
完的最終部分朝下並整理形狀，再用保鮮膜包裹冷卻。

蒙布朗蛋糕捲

濕潤的戚風蛋糕體，
與散發蘭姆酒香的蓬鬆奶油，全都加入滿滿栗子醬，
最後的裝飾也是擠上大量奶油霜，使用整整1罐（250g）栗子醬！
吃一口就能嚐到飄散著栗子香氣的溫柔滋味。

材料（長度約24cm／1條份）

【 栗子戚風蛋糕體 】
蛋黃…3顆
蛋白…3顆份
栗子醬…90g
細砂糖…40g
低筋麵粉…60g
食用油（無香氣）…40ml
牛奶…2大匙

【 栗子鮮奶油霜 】
鮮奶油…200ml
栗子醬…100g
蘭姆酒…½小匙
栗子甘露煮…50g
栗子醬…40g
栗子甘露煮（裝飾用）…適量

前置作業
・在烤盤上鋪烘焙紙（參照P.16）。
・將烤箱預熱至200℃。
・將栗子甘露煮去除水氣並切成邊長5mm的方形。
　裝飾用則對切成一半。

作法

1　製作栗子戚風蛋糕體（參照P.80）：首先在蛋黃中加入栗子醬攪拌混合，再加入油混合。逐漸黏稠後混入牛奶，再篩入低筋麵粉攪拌混合。

2　將蛋白放入另一個調理盆中，一邊加入細砂糖，一邊打發至立起尖角為止，將⅓量蛋白加入蛋黃的調理盆中攪拌混合後，再加入剩餘的蛋白，並大略混合。倒入烤盤中整平，用200℃的烤箱烘烤8～10分鐘後放涼。

3　製作栗子鮮奶油霜：一邊冷卻調理盆底部一邊將鮮奶油打至6分發，再加入剩餘材料並打至8分發，先取出80g備用。

4　將蛋糕體的烤痕朝上，上下邊切除後，放於烘焙紙上，於蛋糕體上均勻塗抹栗子醬。與P.64～65同樣方式在蛋糕體留下切痕，再撒上栗子甘露煮後捲起，整理形狀。最後用保鮮膜包裹進行冷卻。

5　混合事先取出備用的栗子鮮奶油霜80g與額外的栗子醬40g。接著，將4分切好後，於橫切面擠上前述調製好的奶油，再裝飾上栗子甘露煮。

肉桂紅豆細捲蛋糕

肉桂與紅豆的組合，稍微帶有和菓子八橋的感覺。
作出小小的一口尺寸，用手就能拿取的輕巧蛋糕捲。
直接吃也很美味，不過更推薦冷凍起來的冰淇淋口感。
想吃的時候再一點一點切開享用。

材料（長度約24cm／細捲2條份）
【肉桂戚風蛋糕體】
  蛋黃…3顆
  蛋白…3顆份
  細砂糖…60g
  食用油（無香氣）…2大匙
  水…2大匙
  低筋麵粉…50g
  肉桂粉…½大匙
【紅豆奶油】
鮮奶油…200mℓ
水煮紅豆…200g

前置作業
 ・在烤盤上鋪烘焙紙（參照P.16）。
 ・將烤箱預熱至200℃。

作法

1　製作肉桂戚風蛋糕體（參照P.80）：首先在蛋黃中依序加入細砂糖2小匙、油、水，每次加入都用打蛋器攪拌混合，再篩入低筋麵粉與肉桂粉混合。

2　將蛋白放入另一個調理盆中，一邊加入剩餘的細砂糖，一邊打發至立起尖角為止，將⅓量的蛋白加入蛋黃的調理盆中攪拌混合。再加入剩餘的蛋白，並大略混合。最後倒入烤盤中整平，用200℃的烤箱烘烤8～10分鐘後放涼。

3　製作紅豆奶油：一邊冷卻調理盆底部一邊將鮮奶油打至9分發，再混入水煮紅豆大略拌勻。

4　將蛋糕體的烤痕朝上，上下邊切除後，對切成一半。將1條切片蛋糕放在烘焙紙上，均勻塗抹一半量的*3*。用P.64～65同樣方式在蛋糕體留下切痕後捲起（a、b），並整理形狀（c）。用保鮮膜包裹冷卻。另一條也以同樣方式製作。

用烤盤烤出戚風蛋糕體

材料（烤盤邊長29cm的正方形／1片份）
蛋…3顆
細砂糖…50g
食用油（無香氣）、牛奶…各2大匙
低筋麵粉…50g

前置作業
・雞蛋回復至室溫，再將蛋黃與蛋白分開。
・在烤盤上鋪烘焙紙（參照P.16）。
・將烤箱預熱至200℃。

是不易失敗的分蛋打發類型，
在蛋黃中添加了水分與油分，
就能烘烤出比傑諾瓦士蛋糕體更軟、
更適合作蛋糕捲的蛋糕體。
特徵是柔軟且不易有裂縫，也容易捲起。
無論和什麼奶油都很搭，是方便享用的蛋糕體。

【 本書中使用到的點心 】
・P.70「藍莓圓形奶油蛋糕」
・P.74「抹茶煉乳蛋糕捲」
・P.76「蒙布朗蛋糕捲」
・P.78「肉桂紅豆細捲蛋糕」

1.
將蛋黃放入調理盆中，依序加入細砂糖2小匙、油、牛奶，每次加入都用打蛋器攪拌混合。

2.
逐漸變得黏稠後，篩入低筋麵粉。

3.
用打蛋器攪拌混合至沒有粉粒為止。

4.
將蛋白放入另一個調理盆中，用手持攪拌器打發。整體泛白後，分3～4次加入剩餘的細砂糖，打發至立起尖角後，將⅓量的蛋白加入至3的調理盆中，用打蛋器混合。

5.
加入剩餘的蛋白並大略混合後，倒入烤盤中，用刮板將表面整平。以手指沿著烤盤邊緣劃一圈，用200℃的烤箱烘烤8～10分鐘。從烤盤上取下置於網架上，覆蓋上烘焙紙放涼。

Chapter 4

PÂTE BRISÉE, MERINGUE
其他蛋糕體

只要有烤盤，也能作出酥脆的油酥塔皮
及蛋白霜蛋糕體。
使用油酥塔皮時可降低甜味，以凸顯餡料風味。
若用蛋白霜蛋糕體就和奶油、雪酪、
或是用剩餘蛋黃作出的檸檬奶油醬搭配，
完成奢華的甜點吧！
這正是手作才能體驗到的樂趣。

Chapter 4
PÂTE BRISÉE
用油酥塔皮麵糰來製作

蘋果塔

像派一樣有著酥脆口感，塔皮幾乎不帶甜味。
在擁有強烈酸味的紅玉蘋果產季，最想作的就是這個蘋果塔。
果汁和細砂糖在烘烤時會相互融合，真的非常美味！
也可以用各種水果來試作質樸水果塔喔！
作法⇒P.85

南瓜塔

稍微帶有一點肉桂香氣的南瓜醬,
在塔皮上延展開來,作出輕盈的口感。
可以先將烘烤前的麵團冷凍起來,
想吃時再製作餡料,即時享用熱騰騰的酥脆滋味吧～!
作法⇒P.85

油酥塔皮作法 ～

用奶油和麵粉製作，烘烤完就會呈現酥脆口感的麵團，
因為不帶甜味，也可放上起司或番茄作成鹹點。

材料（方便製作的份量）
高筋麵粉⋯100g
低筋麵粉⋯30g
細砂糖⋯1小匙
鹽⋯¼小匙
奶油（無鹽）⋯80g
蛋液⋯½顆份

前置作業
・將奶油切成邊長1cm的方形，放進冰箱冷藏。

1.
將高筋麵粉、低筋麵粉、
細砂糖、鹽放入調理盆
中，用打蛋器快速攪拌混
合，再加入奶油用刮板切
拌混合。

2.
奶油分切為約5mm的方
形後，一邊用手按壓，一
邊混合成細碎的狀態為
止。待整體泛黃，變得濕
潤即可。

3.
加入蛋液，用刮板一邊壓
入一邊混合，再用手整成
一塊。

4.
將麵團取出放在展開的
保鮮膜上，蓋上保鮮膜
並用擀麵棍延展為直徑
約15cm後，用保鮮膜包
裹，放進冰箱冷藏3小時
以上。放在冷凍庫可保存
2週。
⇒因為蛋的份量是½顆，所
以建議以2倍材料量製作，
一半冷凍起來，就可以隨時
烘烤作出塔皮了。

蘋果塔

材料（直徑約20cm／1個份）
油酥塔皮…P.84的份量
蘋果（紅玉）…1顆
鮮奶油…適量
蛋液…1/3顆份（或牛奶1大匙）
細砂糖…適量

前置作業
・將烤箱預熱至200℃。

作法

1　將蘋果去芯，保留果皮薄切成半月形。

2　從冰箱冷藏取出油酥塔皮麵團，用擀麵棍延展為直徑約25cm後，撕下保鮮膜，放在鋪有烘焙紙的烤盤上。距離邊緣空下3～4cm，將蘋果稍微重疊排列成圓狀，在表面塗上鮮奶油（a）。

3　將邊緣往內側摺入（b），在摺入部分塗上蛋液。

4　整體均勻撒上細砂糖（c），用200℃的烤箱烘烤20分鐘。
⇒因為是幾乎不甜的塔皮，所以在完成時撒上細砂糖以增加甜度。

南瓜塔

材料（直徑約20cm／1個份）
油酥塔皮…P.84的份量
【南瓜醬】
　南瓜…約1/6顆（約250g）
　蛋液…2/3顆份
　鮮奶油…2大匙
　黑糖…1大匙
　楓糖糖漿…1大匙
　肉桂粉…1/3小匙
蛋液…1/3顆份
杏仁片…適量
黑糖…適量

前置作業
・將烤箱預熱至200℃。

作法

1　將南瓜醬材料中的南瓜去除籽和瓤，用保鮮膜包裹以微波爐加熱4分鐘後去皮。變成約200g。放入調理盆中並加入其他材料，用打蛋器充分攪碎混合。

2　從冰箱冷藏取出油酥塔皮麵團，用擀麵棍延展為直徑約25cm後，撕下保鮮膜，放在鋪有烘焙紙的烤盤上。在中間放上南瓜醬，距離邊緣空下3～4cm，用刮刀延展開來（a）。

3　將邊緣往內側摺入，在摺入部分塗上蛋液並放上杏仁片，撒上紅糖（b）。用200℃的烤箱烘烤20分鐘。

栗子奶霜咖啡塔

帶有芳香咖啡風味與些許鹽味的塔皮上，
放上栗子醬與堅果、巧克力餅乾等各種配料。
壓模作成小尺寸也很可愛。

材料（直徑約20cm／1個份）
【油酥塔皮】
　高筋麵粉…100g
　低筋麵粉…30g
　咖啡豆（經研磨）…1小匙
　細砂糖…1小匙
　鹽…1/4小匙
　奶油（無鹽）…80g
　蛋液…1/2顆份
【栗子鮮奶油霜】
　鮮奶油…100mℓ
　栗子醬…150g
糖漬栗子（切碎）、喜愛的巧克力餅乾、
堅果（核桃、杏仁片等經烘烤）…各適量

前置作業
・將奶油切成邊長1cm的方形後，放進冰箱冷藏。

作法
1　製作油酥塔皮麵團：混合所有粉類與咖啡豆後，用P.84同樣步驟製作。

2　將烤箱預熱至200℃。

3　取出1的麵團，用擀麵棍延展為直徑約22cm後撕下保鮮膜，放在鋪有烘焙紙的烤盤上。邊緣用手指隨意捏出造型，再用叉子於塔皮各處插出透氣孔。用200℃的烤箱烘烤20～25分鐘。

4　製作栗子鮮奶油霜：一邊冷卻調理盆底部一邊將鮮奶油打至8分發後，再混入栗子醬，大略攪拌均勻。

5　3放涼後塗上4，再用糖漬栗子、堅果、巧克力餅乾等裝飾。

ARRANGE

可以使用同樣材料，作成一口甜點。
用喜愛的餅乾模具將油酥塔皮印出
想要的造型即可。

MERINGUE

用蛋白霜蛋糕體製作

帕夫洛娃

帕夫洛娃是源自澳洲的蛋白霜點心。
同時具有酥脆和軟黏兩種不同口感，
是很有趣的點心。
在蛋糕體塗上用剩餘蛋黃製作的檸檬奶油醬，
讓酸味與甜味更加鮮明。
作法⇒P.90

椰子小帕夫洛娃

作法⇒P.91

蛋白霜蛋糕體（帕夫洛娃蛋糕體）作法

使用少量的水和玉米澱粉，就能簡單成形且成品扎實。
添加少許醋就能烘烤出較白的成品。

材料（方便製作的份量）
蛋白…2顆份
鹽…一小撮
水…2大匙
細砂糖…100g
白酒醋（其他醋亦可）…½小匙
玉米澱粉…2小匙

前置作業
‧事先將蛋白冷卻。

1.
將蛋白放入調理盆中並加入鹽，打發至立起尖角。變成稍微油水分離的狀態。
⇒添加了一小撮鹽，可以更快打發。

2.
將水分次少量加入，每次加入都要再打發。

3.
變得滑順後，分4～5次加入細砂糖，每次加入都要再打發。

4.
充分打發至呈現光澤感，可立起尖角後，加入白酒醋，用手持攪拌器混合。再篩入玉米澱粉，以手持攪拌器混合。

帕夫洛娃

材料（直徑約15cm／1個份）
蛋白霜蛋糕體…P.90的份量
鮮奶油…100mℓ
【檸檬奶油醬】
　蛋黃…2顆
　細砂糖…30g
　檸檬汁…2大匙
　檸檬皮（磨碎）…1顆份
開心果（切碎）…適量
檸檬片（圓切）…1片

前置作業
・在烤盤上鋪烘焙紙（參照P.16）。
・將烤箱預熱至120℃。

作法

1. 將蛋白霜麵糊置於烤盤上（a），作成直徑約15cm的圓形。一邊旋轉烤盤，一邊將側面由下往上梳理成形。

2. 用湯匙背面壓開中心使其稍微凹陷（b），用120℃的烤箱烘烤90分鐘，並直接在烤箱中放涼。
⇒直接在烤箱中放涼，比較不會沾上濕氣。

3. 製作檸檬奶油醬：將所有材料放入調理盆中，用打蛋器攪拌混合。邊隔水加熱，邊用刮刀持續攪拌混合（c）。變得較為黏稠後從熱水移出。倒入調理盤內並將其展平，再於表面直接蓋上保鮮膜，放進冰箱冷藏。
⇒若有顆粒形成，用濾網過濾使其滑順即可。

4. 一邊冷卻調理盆底部一邊將鮮奶油打至8分發。

5. 蛋白霜蛋糕體放涼後，放上鮮奶油、淋上檸檬奶油醬、撒上開心果後，用檸檬片裝飾。

ARRANGE

製作一半量的蛋白霜麵糊（參照P.90），最後混入椰子絲，用湯匙一匙舀至烤盤，使其稍微延展開後，用110℃的烤箱烘烤40分鐘後放涼。最後放上打至8分發的奶油、椰子絲，特別適合搭配拌入蜂蜜的糖漬奇異果及芒果。

法式冰淇淋蛋糕

是款將簡單的蛋白霜，組合冰淇淋和莓果的法式甜點。
因為蛋糕體帶有甜味，搭配的奶油就不用另外加糖，
和帶有酸味的莓果是最佳組合。

材料（4人份）
【蛋白霜蛋糕體】
　蛋白…2顆份
　鹽…一小撮
　細砂糖…60g
　糖粉…60g
草莓、覆盆子…各適量
覆盆子糖漿（參照P.49。亦可使用蜂蜜）…適量
香草冰淇淋…適量
鮮奶油…適量

前置作業
・事先將蛋白冷卻。
・在烤盤上鋪烘焙紙（參照P.16）。
・將烤箱預熱至110℃。

作法

1 製作蛋白霜麵糊：將蛋白和鹽放入調理盆中打發，手持攪拌器的攪拌棒上沾有泡沫後，分次少量加入細砂糖，作成扎實的蛋白霜。篩入糖粉，大略混合。

2 將*1*倒入放有喜愛花嘴的擠花袋中，在烤盤上擠出直徑約3cm蛋白霜。也可使用茶匙舀放。

3 用110℃的烤箱烘烤90分鐘，直接放在烤箱中放涼。
⇒直接在烤箱中放涼，比較不會沾上濕氣。

4 一邊冷卻調理盆底部一邊將鮮奶油打至6分發。再將草莓縱切成一半。

5 在器皿中放上草莓、覆盆子、覆盆子糖漿、冰淇淋、鮮奶油、蛋白霜蛋糕體。將烤好的剩餘蛋白霜蛋糕體放入瓶罐收藏，以防止沾上濕氣，放進冰箱冷藏可以保存1個月。

雪酪三明治

在烘烤成圓形的蛋白霜中夾入雪酪。
趁著酥脆的時候享用。雪酪雖然可以使用市售品，
但自己手作的話，可以降低甜度，品嘗後口感也更清爽。
亦可用芒果來代替草莓、哈密瓜來代替奇異果、水果罐頭來代替李子。

材料（直徑約13cm／1個份）

【蛋白霜蛋糕體】
　蛋白…2顆份
　鹽…一小撮
　細砂糖…60g
　糖粉…60g

【芒果雪酪】
　芒果（冷凍）…100g
　橘子果汁…3～4大匙

【哈密瓜雪酪】
　哈密瓜…150g去皮

【糖煮李子雪酪】
　糖煮李子（MEMO）…¼量

前置作業
・將哈密瓜切成一口大小，放入冷凍用的保鮮袋中冷凍。
　糖煮李子連醬汁一起放入保鮮袋中冷凍。
・事先將蛋白冷卻。
・在烤盤上鋪烘焙紙（參照P.16）。
・將烤箱預熱至110℃。

作法

1　製作蛋白霜麵糊（參照P.92）：將蛋白和鹽放入調理盆中打發，分
　次少量加入細砂糖，作出扎實的蛋白霜。再篩入糖粉並大略混合。

2　將1分成等量的四份放在烤盤上，分別用湯匙將其延展成薄片，
　整成直徑12～13cm的圓形後，用110℃的烤箱烘烤90分鐘。直
　接在烤箱中放涼。
　⇒直接在烤箱中放涼，比較不會沾上濕氣。此外，可以將烤好的蛋糕體放入密封
　容器內，防止沾上濕氣，放進冰箱冷凍可保存約2週，所以也能事先作好備用。

3　製作雪酪：將芒果和橘子果汁混合並用攪拌器打至滑順。冷凍後
　的哈密瓜與糖煮李子同樣分別用攪拌器打至滑順。
　⇒雪酪如果變軟就放進冰箱冷凍凝固。此外，因為雪酪可以冷凍保存，所以也
　可以事先作好備用。

4　將3的3種雪酪壓平，分別夾在2的4片蛋白霜之間。

┌─────────────────┐
　　　　　MEMO

糖煮李子
（方便製作的份量）

將切成一半並去籽的帶皮李
子（1盒／500g）與細砂糖
150g，水2杯放入小鍋中，蓋
上鍋蓋，用中火煮約10分鐘
後直接放涼。直接當作甜點
吃，或是加在優格上都很美
味。醬汁也很適合加入氣泡
水來喝。
└─────────────────┘

若山曜子
わかやま・ようこ

料理研究家。從東京外國語大學法文系畢業後到巴黎留學，並前往巴黎藍帶廚藝學校、斐杭狄法國高等廚藝學校進修，取得法國國家廚師證照（C.A.P），在巴黎的甜點店及餐廳累積工作經驗後回到日本。除了在雜誌及書籍中分享食譜外，也為咖啡廳或企業開發食譜、開辦甜點與料理教室等，活躍於許多領域。著有『清新烘焙．酸甜好滋味的檸檬甜點45』（My Navi出版）、『はちみつスイーツ』（家之光協會出版）、『レトロスイーツ』（文化出版局出版）等多本著作。

烘焙⬤良品 93

零失敗！10分鐘烤盤甜點
1個烤盤×2種蛋糕體，變化出34種職人級美味！

作　　　　者／若山曜子
翻　　　　譯／蔣君莉
發　行　　人／詹慶和
特　約　編　輯／白宜平
責　任　編　輯／蔡毓玲
編　　　　輯／劉蕙寧・黃璟安・陳姿伶
執　行　美　編／韓欣恬
美　術　編　輯／陳麗娜・周盈汝
出　　版　　者／良品文化館
發　　行　　者／雅書堂文化事業有限公司
郵政劃撥帳號／18225950
戶　　　　名／雅書堂文化事業有限公司
地　　　　址／220新北市板橋區板新路206號3樓
電　子　信　箱／elegant.books@msa.hinet.net
電　　　　話／(02)8952-4078
傳　　　　真／(02)8952-4084

2021年4月初版一刷　定價350元

TENBANDAKEDE TSUKURU CAKE by Yoko Wakayama
Copyright © Yoko Wakayama, 2018
All rights reserved.
Original Japanese edition published by SEKAIBUNKA
HOLDINGS INC.

Traditional Chinese translation copyright © 2021 by
Elegant Books Cultural Enterprise Co., Ltd.
This Traditional Chinese edition published by
arrangement with SEKAIBUNKA Publishing Inc.,
Tokyo, through HonnoKizuna Inc., Tokyo, and KEIO
CULTURAL　ENTERPRISE CO., LTD.

國家圖書館出版品預行編目(CIP)資料

零失敗!10分鐘烤盤甜點：1個烤盤X2種蛋糕體,變化出34種職人級美味!/
若山曜子著;蔣君莉翻譯. -- 初版. -- 新北市：良品文化館出版：雅書堂文
化事業有限公司發行, 2021.04
　面；　公分. -- (烘焙良品；93)
譯自：天板だけで作るケーキ：10分生地を焼いて、デコレーション
すれば完成!
ISBN 978-986-7627-35-3(平裝)

1.點心食譜

427.16　　　　　　　　　　　　　　　　　　　　　110005234

Staff

攝　　　　影／新居明子
設　　　　計／福間優子
造　　　　形／曲田有子
取　　　　材／久保木薫
甜　點　助　手／細井美波・櫻庭奈穗子・鈴木真代・出沼麻希子
校　　　　對／株式会社円水社
編　　輯　　部／原田敬子

甜點材料協助

cotta（コッタ）
網路販售各式甜點材料與包裝用品。
https://www.cotta.jp/

經銷／易可數位行銷股份有限公司
地址／新北市新店區寶橋路235巷6弄3號5樓
電話／（02）8911-0825　傳真／（02）8911-0801

版權所有・翻印必究
（未經同意，不得將本書之全部或部分內容以任何形式使用刊載）
本書如有缺頁、破損、裝訂錯誤，請寄回本公司更換

Genoise & Biscuit

Genoise & Biscuit